Bibliografische Information der Deutschen Nationalbibliothek:

Die Deutsche Bibliothek verzeichnet diese Publikation in der Deutschen National-
bibliografie; detaillierte bibliografische Daten sind im Internet über http://dnb.d-
nb.de/ abrufbar.

Impressum:

Copyright © 2015 GRIN Verlag
Druck und Bindung: Books on Demand GmbH, Norderstedt Germany
ISBN: 9783668697249

Andreas Stadler

Grundlagen der Plattentektonik. Grabenbrüche und Rifting am Beispiel Oberrheingraben und Kenia-Rift

GRIN Verlag

Grundlagen der Plattentektonik: Grabenbrüche & Rifting am Beispiel Oberrheingraben und Kenia-Rift

Andreas Stadler

Inhaltsverzeichnis

1. Einleitung

- Erde kein starres, sondern aktives System
- Unterschiedliche, geologische Prozesse, die zur Entstehung bzw. zum Verschwinden von Landmassen führen
- Erst die moderne Wissenschaft liefert zuverlässige Erklärungsansätze

Hauptthemen der Präsentation:
- Plattentektonik
- Oberrheingraben
- Kenia-Rift

2. Grundlagen der Plattentektonik

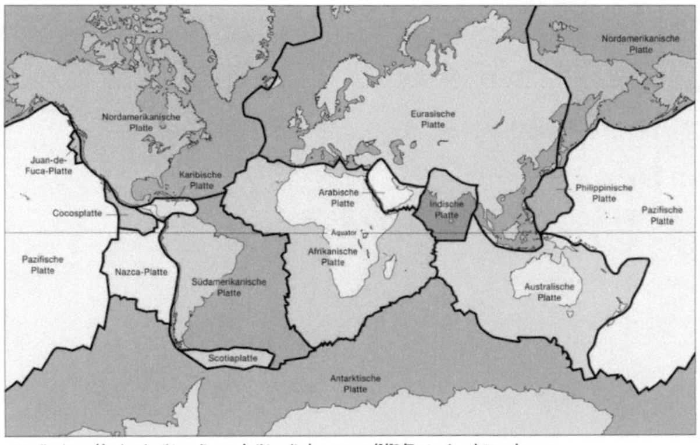

Quelle: http://upload.wikimedia.org/wikipedia/commons/f/f0/Tectonic_plates_de.png

2. Grundlagen der Plattentektonik

Konstruktive Plattengrenzen:

- sich voneinander wegbewegende Platten
- Heißer, asthenosphärischer Erdmantel dringt im festen Zustand nach oben, schmilzt partiell auf und bildet neue Lithosphäre
- BEISPIEL: Mittelatlantischer Rücken

2. Grundlagen der Plattentektonik

Destruktive Plattengrenzen:

- sich aufeinander zubewegende Platten
- Schwerere Platten subduziert unter leichtere Platte (Subduktionszone)
- BEISPIEL: An der Westküste Südamerikas subduziert die Nazca-Platte unter die südamerikanische Platte.

2. Grundlagen der Plattentektonik

Konservative Plattengrenze:

- sich gegeneinander parallel bewegende Platten
- BEISPIEL: San-Andreas-Störung in Kalifornien

AS1

2. Grundlagen der Plattentektonik

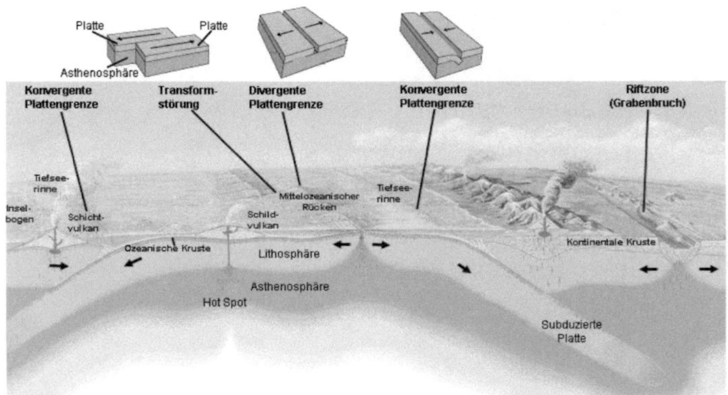

Quelle: http://de.wikipedia.org/wiki/Plattentektonik#/media/File:Plattengrenzen.png

AS1   Andreas Stadler; 21.03.2015

2. Grundlagen der Plattentektonik

Grabenbruch/Rift:

- lang gestreckte, tektonische Dehnungszone, an der sich ein relativ schmaler Krustenbereich entlang von tief in die Kruste reichenden Verwerfungen absenkt
- Grabenbrüche entstehen dann, wenn die kontinentale Erdkruste gedehnt wird.
- Die Kruste bricht ein und es bildet sich eine Verwerfung
- Vulkanische Aktivitäten in der Bruchzone

2. Grundlagen der Plattentektonik

Einfache, schematische Darstellung eines Grabenbruchs:

Quelle: http://www2.klett.de/sixcms/media.php/281/grabenbruch.jpg

2. Grundlagen der Plattentektonik

FRAGE:

Warum bewegen sich die Platten überhaupt und sind nicht starr?

2. Grundlagen der Plattentektonik

Konvektionsströmungen:

- Langsame Konvektionsströme verantwortlich für Plattentektonik
- Entstehen durch Wärmeübertragung vom heißen Erdkern zum Erdmantel
- Heißes Material steigt nach oben und kalte Erdkruste sinkt ab.
- Dadurch entstehen Kräfte, die für die Plattentektonik verantwortlich sind
- Die Theorie der Konvektionsströmungen ist die am häufigsten verwendete. Es gibt auch noch andere Theorien.

3. Oberrheingraben

Geographische Eckdaten:

- 300 km lange, 35 bis 40 km breite NNO-SSW-streichende, intrakontinentale Extensionsstruktur
- Zentraler Teil des europäischen, känozoischen Grabenbruchsystems
- Wird im Norden durch das Rheinische Schiefergebirge und im Süden durch den Faltenjura begrenzt
- Vertikaler Versatz zwischen Grabenschulter und Grabeninneren bis zu 4 km

3. Oberrheingraben

Satelittenbild des Oberrheingrabens
Abbildung wurde aus urheberrechtlichen Gründen für die Publikation entfernt

Quelle: http://upload.wikimedia.org/wikipedia/en/thumb/7/72/Rhinegraben_sat.jpg/638px-Rhinegraben_sat.jpg

3. Oberrheingraben

Blick vom Rand der Vogesen über den
Oberrheingraben hinweg zum Schwarzwald
Standort: bei Eguisheim (Elsass)

Quelle: Eigene Aufnahme vom 08. August 2010

3. Oberrheingraben

Entstehung:

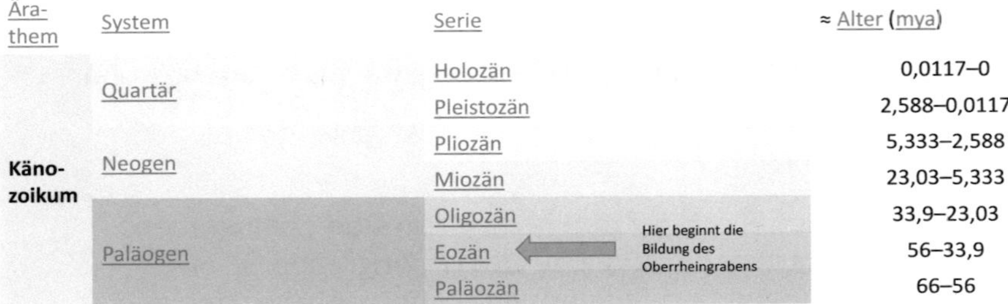

Ära-them	System	Serie	≈ Alter (mya)
Käno-zoikum	Quartär	Holozän	0,0117–0
		Pleistozän	2,588–0,0117
	Neogen	Pliozän	5,333–2,588
		Miozän	23,03–5,333
	Paläogen	Oligozän	33,9–23,03
		Eozän	56–33,9
		Paläozän	66–56

3. Oberrheingraben

- Im Mittel- bis Oberäozen beginnt die Bildung des Oberrheingrabens durch E-W gerichtete Dehnungsbewegungen

Oligozän:

- Öffnung der Grabenstruktur und beckenweite Sedimentation

3. Oberrheingraben

Miozän:

- Umorientierung des Spannungsfeldes mit NW-SE-Ausrichtung der Hauptspannungsrichtung
- Dehnungsbewegungen in NE-SW-Richtung, die bis heute bestehen

Untermiozän:

- Sedimentation vor allem auf den nördlichen Oberrheingraben, während der zentrale und südliche Oberrheingraben Hebungsbewegungen und Erosionsvorgängen unterworfen war

3. Oberrheingraben

Obermiozän:

- Verstärkung der Senkungsbewegungen
- Sedimentation im gesamten Oberrheingraben

4. Kenia-Rift

Quelle: http://geology.com/articles/east-africa-rift/figure2.jpg

4. Kenia-Rift

4. Kenia-Rift

Quelle: http://www.panoramio.com/photo/19278271

4. Kenia-Rift

- Rifting (Riftbildung) bezeichnet den beginnenden Zerfall einer kontinentalen Platte
- verstärkte vulkanische Aktivität
- Führt zum Auseinanderdriften von Platten
- heißes Mantelmaterial steigt auf und die Lithosphärenplatte werden von unten erhitzt
- thermische Anhebung, langsames Aufschmelzen und Ausdünnung der Erdkruste.

4. Kenia-Rift

- Entwicklung des Kenia-Rifts begann vor etwa 30 Millionen Jahren
- Starke Verwerfungen der Erdkruste
- Arabische Landmasse wurde geteilt
- Die dabei entstandene Spannung führte schließlich zur Bildung des Rifts
- Herausbildung des Ostafrikanische Riftsystem ab Miozän durch Krustendehnung
- Bildung des Kenia-Domes
- Im späten Miozän: Aufteilung in das westliche Rift und das östlich gelegene Gregory- oder Kenia-Rift im Bereich des Tanzania-Kraton

4. Kenia-Rift

- In Rift-Regionen wird Kruste langsam herausgehoben
- Möglichkeit des Auseinanderbrechens vom Erdplatten
- Möglichkeit der Bildung neuer Ozeane
- Das Ostafrikanische Rift zeichnet sich insbesondere durch die überdurchschnittliche Magmenproduktion und die intensiven geologischen Aktivitäten aus, die auch heute andauern.
- EARS ist das heutzutage größte und aktivste Rift-System weltweit

5. Fazit

- Festkörper Erde ist ein aktives System, das ständigen Veränderungen unterworfen ist.
- Platten können grundsätzlich sich voneinander weg, sich aufeinander zu oder sich gegeneinander parallel bewegen.
- Zu den typischen plattentektonischen Prozessen gehören die Grabenbildung und das Rifting, die sehr weit verbreitet sind.